Javier Alejandro Laguzzi

Evaluación de Sustentabilidad en Feedlot

Javier Alejandro Laguzzi

Evaluación de Sustentabilidad en Feedlot

Propuesta Metodológica Para La Evaluación De Sustentabilidad En Un Sistema Integrado De Engorde Bovino Intensivo (SIEBI)

PUBLICIA

Impressum / Aviso legal
Bibliografische Information der Deutschen Nationalbibliothek: Die Deutsche Nationalbibliothek verzeichnet diese Publikation in der Deutschen Nationalbibliografie; detaillierte bibliografische Daten sind im Internet über http://dnb.d-nb.de abrufbar.

Información bibliográfica de la Deutsche Nationalbibliothek: La Deutsche Nationalbibliothek clasifica esta publicación en la Deutsche Nationalbibliografie; los datos bibliográficos detallados están disponibles en internet en http://dnb.d-nb.de.

Coverbild / Imagen de portada: www.ingimage.com

Verlag / Editorial:
PUBLICIA
ist ein Imprint der / es una marca de
OmniScriptum GmbH & Co. KG
Heinrich-Böcking-Str. 6-8, 66121 Saarbrücken, Deutschland / Alemania
Email / Correo Electrónico: info@editorial-publicia.com

Herstellung: siehe letzte Seite /
Publicado en: consulte la última página
ISBN: 978-3-639-64982-6

ÍNDICE

INTRODUCCIÓN

La producción y el consumo de productos de origen animal han experimentado un rápido crecimiento en todo el mundo y se prevé que continuarán aumentando. Mientras que los sistemas ganaderos tradicionales contribuyen a los medios de vida del 70 % de la población rural de menos recursos económicos del mundo, son las nuevas empresas en gran escala con tecnología avanzada y que comercian en el mercado internacional, las que cada vez en mayor medida satisfacen la demanda de carne, leche y huevos de los mercados en rápido crecimiento.[1] La producción intensiva tiene la clave para abastecer a las ciudades en crecimiento, pero es indispensable mejorar el uso de los recursos naturales y el desempeño ecológico; esto quedó expuesto en el informe de la FAO de 2012 denominado "Ganadería mundial 2011: la ganadería en la seguridad alimentaria". Allí establece que para el año 2050 la población mundial consumirá dos terceras partes más de proteína animal que hoy, con más presión sobre los recursos naturales del planeta. Gran parte de la futura demanda de la producción pecuaria se satisfará a través de operaciones en gran escala de cría intensiva de animales. Añadiendo que en las condiciones actuales, no se visualizan alternativas técnicas ni económicas viables a la producción intensiva para satisfacer la demanda de productos pecuarios de las ciudades en crecimiento. Por otro lado establece que dichos sistemas son motivo de preocupación debido a sus repercusiones ambientales, como la contaminación de las aguas subterráneas y las emisiones de gases de efecto invernadero; por lo cual se hace inminente reducir los efectos al medio ambiente de la producción intensiva.

A partir de los conocimientos y la tecnología disponible de hoy, esta situación podría mitigarse por tres vías: 1- reducción del nivel de contaminación generado a partir de los residuos y gases de efecto invernadero; 2- disminución de los insumos de agua y

---

[1] FAO. Departamento de Agricultura y Protección al Consumidor http://www.fao.org/ag/againfo/themes/es/animal_production.html

cereales necesarios para la producción de proteína animal; y 3- reciclar los productos agroindustriales secundarios a través de las poblaciones pecuarias.

No solo debemos pensar en los sistemas a gran escala; la producción pecuaria familiar juega un rol preponderante para dar solución a los problemas de seguridad alimentaria, esto queda manifestado por la Oficina Regional de la FAO para América Latina y el Caribe (FAO, 2014). Allí establece que la pequeña producción pecuaria puede y genera una parte importante de los alimentos necesarios para el mercado interno de los países de América Latina y el Caribe, mejorando la seguridad alimentaria y nutricional, y por ende contribuyendo significativamente al desarrollo nacional. La potencial contribución de este sector a la economía agrícola de sus países y a la seguridad alimentaria, depende en la mayoría de los casos de que puedan recibir de manera oportuna los servicios de sanidad animal, veterinarios, asistencia técnica, apoyo gubernamental y otros que se requieren para garantizar la sustentabilidad de sus sistemas de producción.

El aumento mundial de la producción pecuaria en los últimos 40 años se debió principalmente a un aumento del número global de animales en cría. Pero será muy difícil satisfacer la demanda prevista con la misma cantidad de recursos naturales que se utilizan hoy. La única forma de satisfacer la demanda es aumentar la eficacia y ese aumento de la producción tendrá que producirse logrando que los sistemas pecuarios conviertan con más eficiencia los recursos naturales en alimentos y produzcan menos residuos (contaminación). Para esto, es necesario invertir capital, dar apoyo normativo y un marco de reglamentación; sin perder la consigna de que las acciones de hoy no alteren negativamente el bienestar de las generaciones futuras.

Desde el punto de vista de la injerencia que posee el ganado en la seguridad alimentaria, la Organización de las Naciones Unidas para la Alimentación y la Agricultura (FAO) mediante estudios demostró que desde 1967, la producción mundial de aves de corral ha aumentado un 700%. También otros productos presentan un gran incremento, como los huevos (350%), la carne de cerdo (290%), la carne ovina y caprina (200%), la de vacuno y de búfalo (180%) y la leche (180%). Aunque con menor incremento, en el mundo en desarrollo, el ganado y los productos pecuarios pueden hacer una contribución decisiva a la seguridad económica de los hogares, a la seguridad alimentaria y la nutrición. Un consumo hasta de pequeñas cantidades de alimentos de origen animal puede mejorar el estado nutricional de las familias de bajos ingresos. La carne, la leche y los huevos proporcionan proteínas con una gran variedad de aminoácidos y micronutrientes como el hierro, zinc, vitamina A, B12 y calcio; nutrientes de los que muchas personas mal alimentadas tienen carencia. La mayor parte del suministro adicional de productos pecuarios destinados a las ciudades deberá proceder de los sistemas intensivos, ya que los habitantes más carenciados de las ciudades necesitarán alimentos relativamente baratos, que no pueden producirse en grandes cantidades con sistemas extensivos situados en el radio de alcance de las ciudades. (FAO, 2012)

Argentina y la producción pecuaria.

Como se muestra en el siguiente gráfico (Fig.1), el sector ganadero presenta un estancamiento en el stock bovino a partir del año 1978. Hasta ese momento el stock bovino crecía a una tasa superior a la de la población humana en el país. Dicho stock bovino per cápita siguió una tendencia decreciente en los últimos 30 años, por lo tanto la oferta de carne per cápita para un futuro deberá ser mantenida o incrementada a través de la mejora en los índices de productividad. (Observatorio Ganadero, 2012)

Por otro lado la producción neta de carne no crece de manera continua desde el año 1979, si bien tiene oscilaciones a través de los años, la tendencia de crecimiento no es significativa por lo que se puede concluir que la producción dejó de crecer desde la misma época que el stock.

Figura 1: Evolución del Stock nacional por año desde 1888 a 2012. Análisis de regresión segmentada y lineal simple.

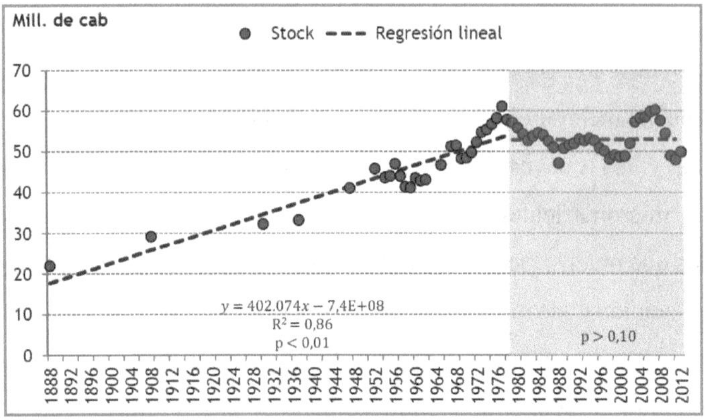

Fuente: Observatorio Ganadero, 2012.

La producción neta de carne por cabeza de stock se ha mantenido constante desde la década de 1950. Por consiguiente el aumento de producción de carne puede darse a través un aumento en la cantidad de terneros producidos por vaca, en la cantidad de carne producida por animal faenado y/o a la reducción en la mortalidad. (Observatorio Ganadero, 2012)

Si observamos el gráfico posterior (Fig.2), donde se muestra la evolución de la superficie agrícola destinada a los principales granos de cosecha gruesa (sorgo, maíz y soja) a través de los últimos 25 años vemos que ésta se ha triplicado. Siendo la superficie destinada a soja la que más creció, pasando de un poco más de 5 millones de hectáreas al principio de los noventa a prácticamente 20 millones en los últimos años. Se debe tener en cuenta que no solo hubo un incremento en la superficie agrícola; sino también en los rendimientos promedios por hectárea, pasando de una producción total de estos tres cultivos de 25 millones de toneladas a principios de los noventa, a 80 millones de toneladas en promedio de los últimos períodos (Fig.3).

Figura 2: Evolución de la superficie sembrada de sorgo, maíz y soja en Argentina en los últimos 25 años.

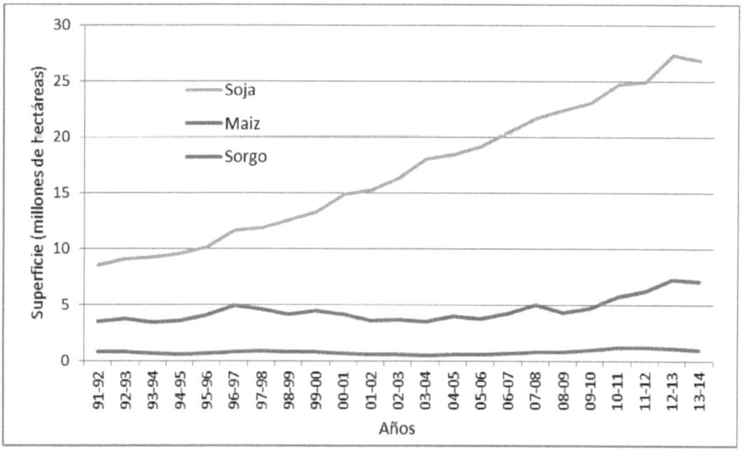

Fuente: elaboración propia a partir de minagri. sito www.minagri.gob.ar

Figura 3: Evolución de la producción total de sorgo, maíz y soja en los últimos 25 años.

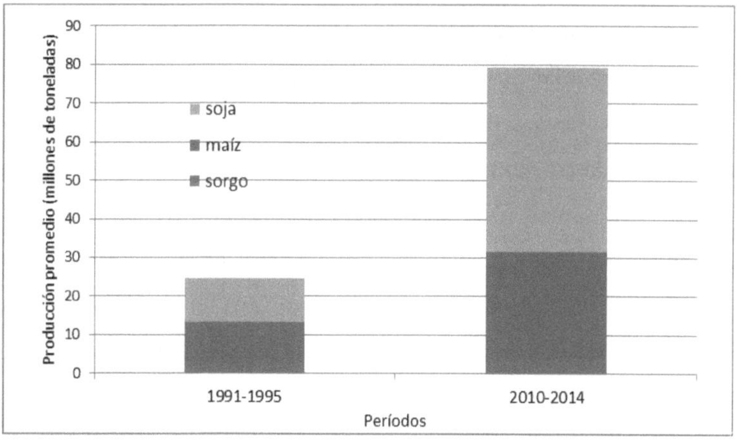

Fuente: elaboración propia a partir de minagri. sito www.minagri.gob.ar

Por ende la ganadería en nuestro país ha experimentado cambios de estructura y geográficos, a partir de la transformación del sector agrario. El crecimiento del cultivo de soja, redujo la superficie destinada a la misma y generó un reordenamiento territorial. Este cambio se considera definitivo ya que es muy improbable que la superficie ganada por la agricultura retorne a la ganadería. Dado que a este paradigma se le agrega otro más importante que es la cuestión cultural-social y permanencia del hombre en el campo para llevar a cabo la actividad ganadera (Rearte, 2010).

En este escenario, el engorde en corral se ha convertido en una alternativa muy difundida en la región. Sus objetivos son variados, de acuerdo con Pordomingo, A. (2004), "*En algunos casos es convertir granos a carne si económicamente la conversión es rentable, y en otros, aunque puede ser poco atractivo desde el punto de vista de la conversión, interesa desde el conjunto del sistema de producción para liberar potreros, eliminar cultivos forrajeros anuales de las rotaciones, incrementar la carga animal del campo, asegurar la terminación y la salida o la edad a faena, etc.*"

La producción de carne vacuna derivada de sistemas de engorde a corral (*feedlots*) ha tenido una inserción significativa en la cadena de ganado y carne Argentina donde participa en más de un 30% de la faena total (IPCVA, 2009). Se debe tener en cuenta que este dato pertenece solo a establecimientos de engorde a corral registrados para tal fin; no abarcando los conocidos como "feedlots chacareros" o encierres de oportunidad, que engordan sus propios terneros producidos en el campo dándole un margen superior a la actividad principal que es la cría de terneros; y también otros sistemas de invernada con terminación a corral, cuyos animales reciben alimentación concentrada en los últimos 60-80 días de engorde. Contemplando estos sistemas no registrados se estima, según fuentes no oficiales, que los sistemas de terminación a corral participan en más de un 50% de la faena total de novillos y vaquillonas. (Comunicación personal, Ing. Rodrigo Troncoso Gerente General Cámara Argentina de Feedlot,).

Para el año 2008, la dinámica de la actividad de engorde a corral, mostró una capacidad de encierre máxima del orden de las 2,46 millones de cabezas, con un 66% de ocupación de las instalaciones y una rotación de 2,24 ciclos de encierre. El perfil de establecimientos estaba conformado por dos tipos: aquellos que encierran su propia hacienda y los que prestan servicios denominados "de hotelería" a terceros clientes.

La configuración de la producción y abastecimiento de carne en Argentina ha tenido una marcada tendencia hacia la integración vertical, que para el año 2008 alcanzo el 48% de la producción total de cabezas comercializadas desde los sistemas integrados de engorde bovino intensivos (SIEBI). Esta modalidad surge de necesidades tales como:

- abastecimiento de materia prima para su faena ante eventuales dificultades que puedan surgir y que no permitan el normal aprovisionamiento de hacienda.
- control de ocasionales aumentos de precios de la materia prima.
- captación de la renta de otros eslabones de la cadena.

Diversos autores concuerdan que los problemas ambientales en los sistemas de producción animal intensificados están muy relacionados al manejo de las excretas y, en consecuencia, al manejo de nutrientes y la nutrición (Herrero, 2008; Pordomingo, 2003; Gil, 2006).También la problemática ambiental se explica en forma general por el ganado a través de la producción de gases con efecto invernadero, transferencia de nutrientes y deforestación. Para una gestión ambiental apropiada en planteos intensivos se hace necesario identificar las áreas de riesgo para controlar o reducir sus efectos. En el engorde a corral de bovinos para carne, el área de mayor riesgo ambiental lo constituye la contaminación localizada de suelos y aguas, tanto subterráneas como superficiales, emergente de la acumulación de deyecciones y movimiento de efluentes. En un segundo nivel podríamos ubicar la contaminación del aire y la degradación del paisaje. (Pordomingo 2003)

DIAGNÓSTICO DE LA PROBLEMÁTICA

Frente a los cambios del contexto político social y económico, los sistemas de producción ganaderos han evolucionado desde sistemas simples a sistemas mucho más especializados. Estos cambios que se han registrado en las últimas décadas, hacen necesario realizar aproximaciones diagnósticas a través de la construcción de indicadores. Una manera de diagnosticar el estado de un sistema agropecuario es a través de la construcción de indicadores de sustentabilidad. Estos indicadores permiten conocer de manera particularizada, las necesidades de manejo de cada sistema, con miras a mantener o mejorar la productividad, reducir riesgos e incertidumbre, aumentar los servicios ecológicos y socioeconómicos, proteger la base de recursos y prevenir la degradación de suelos, agua y biodiversidad, sin disminuir la viabilidad económica del sistema (Astier et al., 2008). Por lo cual se plantea abordar un enfoque sistémico de un SIEBI que comprenda su desarrollo productivo a nivel regional y el impacto en la sustentabilidad a través de la construcción de indicadores desde el punto de vista económico, social y ambiental.

OBJETIVOS

1. Evaluar a través de un ciclo productivo la sustentabilidad de un sistema integrado de engorde bovino intensivo (SIEBI) en el sur de la provincia de Santa Fe.

2. Proponer una serie de indicadores factibles de ser aplicados en este tipo de sistemas productivos para el monitoreo longitudinal de la sustentabilidad

JUSTIFICACIÓN

Los sistemas de producción agropecuaria de Argentina han ido evolucionando en los últimos años, donde la intensificación y necesidad de crecimiento económico llevó a los mismos hacia una especialización productiva (Elizalde y Riffel, 2009). Esto, trajo aparejado que en la formación de los profesionales de distintas áreas no solo se capacite para llevar adelante una producción intensificada, sino también mediante su formación indagar las posibles consecuencias de estos sistemas en el futuro sobre todo en los aspectos vinculados a la sustentabilidad en sus diferentes dimensiones.

Según el segundo plenario de Federación Veterinaria Argentina de 1996 *"Es el profesional que en función del mejoramiento de la calidad de vida y el desarrollo humano sustentable, imbuido de un espíritu ético, científico y humanístico sea capaz de ejecutar acciones tendientes a la previsión, planificación y resolución de la problemática planteada en diferentes ámbitos de la realidad socio-cultural y del ambiente, con relación a todo lo que directa o indirectamente sea atinente a las especies animales".* (Plan de estudios de la carrera de Medicina Veterinaria, Universidad Nacional de Rosario, Resolución C.S.N° 034/2008).

La evaluación de la sustentabilidad a través de los resultados de indicadores nos aportará información sobre la unidad productiva, la cual nos permitirá inferir hacia donde se dirige dentro del marco de la sustentabilidad y plantear situaciones de mejora del mismo.

METODOLOGIA

- **Objeto de estudio.**

El lugar donde se realizó el trabajo es una empresa de Agronegocios dedicada a la venta de carne a carnicerías, ubicada en Bigand, Santa Fe. Dicha empresa está conformada por dos subsistemas; uno es el "Subsistema Abasto" que se dedica a la compra de animales gordos para faena y posterior venta de res. El otro es el "Subsistema Encierre a Corral" o SIEBI donde se centró el trabajo. Este último posee una capacidad de albergue de 2500 animales y fue creado a modo de diversificación anterior, con el objeto de obtener materia prima constante (animales gordos), de buena calidad (terminación) y a un precio diferencial, que permita mantener la sustentabilidad económica de la empresa de abasto.

Se presenta la evaluación para el ciclo ganadero 2013-2014.

- **Procedimiento y técnica para la evaluación del sistema**

Para llevar a cabo el análisis se utilizó el enfoque de sistemas, mediante el uso de indicadores de sustentabilidad, dentro del marco para la evaluación de sistemas de manejo de recursos naturales, MESMIS. Este es una herramienta de desarrollo, que sirve para diagnosticar un agroecosistema, a la vez que ofrece una guía para las actividades a implementar, con directrices claras y estandarizadas de análisis. (Masera et al., 1999). El objetivo principal del MESMIS es brindar un marco metodológico para evaluar la sustentabilidad relacionando tres áreas o dimensiones de evaluación: ambiental, social y económica. El concepto de sustentabilidad se define a partir de los atributos generales de los agroecosistemas o sistemas de manejo como son, la productividad, estabilidad, confiabilidad, resiliencia, adaptabilidad, equidad y auto-dependencia (autogestión).

Dentro de la estructura operativa del MESMIS, la evaluación de sustentabilidad se lleva a cabo y es válida solamente para: sistemas de manejo específicos en un determinado lugar geográfico y bajo un determinado contexto social y político; una escala espacial previamente determinada, al igual que la escala temporal. Para la evaluación existen dos vías fundamentales; comparar la evolución de un mismo sistema a través del tiempo (comparación longitudinal), o comparar simultáneamente uno o más sistemas de manejo alternativo o innovador con un sistema de referencia (comparación transversal). Operativamente, para dar concreción a los atributos generales, se definen una serie de puntos críticos o fortalezas y debilidades para la sustentabilidad del sistema de manejo que se relacionan con las tres áreas de evaluación: ambiental, social y económica. En cada área de evaluación se definen criterios de diagnóstico e indicadores.

Finalmente, la información obtenida mediante los diferentes indicadores se integra utilizando técnicas de análisis de multicriterio, con el fin de emitir un juicio de valor sobre los sistemas de manejo y brindar sugerencias para mejorar su perfil socioambiental.

Para aplicar la metodología del MESMIS la evaluación se lleva a cabo a través de una serie de seis pasos secuenciales, dirigidos a identificar las limitantes y posibilidades de la sustentabilidad del sistema analizado:

Paso1. Caracterización del sistema en estudio.

En este paso se identifican y describen los elementos del sistema, su contexto social, ambiental y económico; como así también la escala espacial y temporal. Además se detallan los componentes biofísicos del sistema, entradas y salidas de insumos. Se analizan las interacciones entre los subsistemas resumiéndolas en un diagrama que abarque el sistema en estudio.

Paso 2. Determinación de Fortalezas y debilidades del sistema

Una vez caracterizado el sistema, el siguiente paso corresponde al reconocimiento de los aspectos positivos y negativos que le dan solidez o vulnerabilidad a la sustentabilidad del mismo. Estos puntos críticos deben estar relacionados con las diferentes propiedades de la sustentabilidad, para así contar con una mayor claridad sobre lo que se está evaluando. El objetivo final de este proceso es determinar el problema bajo estudio.

Paso 3. Seleccionar criterios de diagnóstico e indicadores

A partir de la información anterior, se determinan los criterios de diagnóstico y se derivan los indicadores más significativos del agroecosistema, teniendo presente a las propiedades, así como la dimensión de evaluación a la que correspondan (social, económica y ambiental). El procedimiento para obtener información que alimente a los indicadores no sólo es a través de la medición directa, también es posible recurrir a diferentes métodos que muestren tendencias del comportamiento del sistema.

La obtención de indicadores de sustentabilidad en MESMIS en un proceso de 3 fases:

1. Se parte de los *atributos de la sustentabilidad*, los mismos permiten enfocar la evaluación en aspectos sistémicos que son importantes para que el sistema funcione

adecuadamente, sirven de guía del análisis y cubren los aspectos más relevantes del sistema en cuestión. Los atributos son:

- Productividad: es la habilidad del agroecosistema para proveer el nivel requerido de bienes y servicios.
- Estabilidad: es la propiedad del sistema de tener un estado de equilibrio dinámico estable
- Confiabilidad: se refiere a la capacidad del sistema de mantenerse en niveles cercanos al equilibrio ante perturbaciones usuales del ambiente.
- Resilencia: es la capacidad de retornar al estado de equilibrio o mantener el potencial productivo después de que el sistema haya sufrido perturbaciones graves.
- Adaptabilidad: es la capacidad de encontrar nuevos niveles de equilibrio ante cambios de largo plazo en el ambiente
- Equidad: es la habilidad del sistema para distribuir la productividad de una manera justa.
- Autodependencia: es la capacidad de regulación y control por parte de sus interacciones con el exterior

2. Se identifican los *criterios de diagnóstico*, estos traducen las propiedades sistémicas de los atributos en elementos más concretos y representan un puente para llegar a indicadores, permitiendo valorar los sistemas para cada atributo y establecer los umbrales de los indicadores.

3. Se establece *indicadores para cada criterio de diagnóstico*; finalmente se traducen las fortalezas y debilidades en un indicador o conjunto de indicadores mediante los cuales podemos monitoreas los cambios en el sistema a lo largo del tiempo.

Paso 4. Medición y monitoreo de los indicadores

A estos corresponde, el diseño de los instrumentos de análisis y el procedimiento utilizado para obtener la información deseada. Puesto que la sustentabilidad se refiere al comportamiento del sistema de manejo en el tiempo, conviene hacer énfasis en métodos de toma de información que incluyan el monitoreo de procesos durante cierto lapso, el análisis de series históricas o modelaje de ciertas variables.

Paso 5. Presentación e integración de resultados.

En esta etapa del ciclo de evaluación se transita hacia una fase en que se integran los resultados. Esto nos ayudará a emitir un juicio de valor sobre la sustentabilidad del sistema. Para esta integración se necesita: sintetizar los indicadores en una matriz de resultados; determinar valores de referencia y estandarizar los indicadores; representarlos de manera gráfica y de ser posible identificar qué relaciones sinérgicas y de competencia existen entre ellos. Dentro del procedimiento de evaluación, esta fase es la que resulta más complicada, ya que deben incorporarse aspectos biofísicos y socioeconómicos, que dificultan su exposición; por ello se afirma que aún es un área abierta para la investigación (Masera et al., 2000).

Paso 6. Plantear conclusiones y recomendaciones.

Se proponen sugerencias para fortalecer la sustentabilidad del agroecosistema, así como para mejorar el proceso de evaluación. En síntesis, esta fase corresponde a una discusión sobre los factores que influyen sobre el grado sustentabilidad del agroecosistema, haciendo hincapié en los aspectos que están dentro y fuera del sistema mismo; lo que supone establecer las limitaciones metodológicas del marco de evaluación aplicado al caso de estudio particular.

Una vez que se llega al punto 6 del MESMIS, es posible plantear nuevas hipótesis de trabajo, así como probar estrategias y propuestas para relevar la sustentabilidad del agroecosistema, lo que significa redefinir al sistema para dar comienzo a una segunda fase de evaluación, T2 o tiempo dos.

- **Consideraciones para el presente trabajo**

Para el SIEBI en cuestión se propone un sistema de monitoreo longitudinal (enfoque de procesos) a partir de un punto cero de partida (1er año) y a lo largo de series anuales ligadas al ciclo productivo. Se presentará la evaluación para el ciclo ganadero 2013-

2014. Para el análisis de las dimensiones de la sustentabilidad, los datos serán estandarizados mediante su transformación a una escala para cada indicador de 1 a 5, siendo 5 el mayor valor de sustentabilidad y 1 el más bajo.

RESULTADOS Y DISCUSIÓN

PASO 1. CARACTERIZACIÓN DEL SISTEMA EN ESTUDIO

La Esperanza es un establecimiento ganadero de la zona de Bigand, provincia de Santa Fe, dedicado principalmente al engorde a corral, y circunstancialmente cría y recría con escasos ocho años de historia productiva gestionada por sus propios dueños. Dicho establecimiento es un subsistema que nació a modo de diversificación anterior de uno mayor perteneciente a la misma familia, "Cappelletti Agronegocios SRL" (de Marcelo y Oscar), que se dedica al abastecimiento de carne a carnicerías de la zona.

Reseña histórica: Desde el nacimiento hasta la actualidad de La Esperanza

A fines de la década del ´80 el propietario Don Oscar Cappelletti o "Don Coki" –como es conocido en el pueblo– se dedicaba a la venta de materiales de la construcción, además era propietario de 100 hectáreas en Entre Ríos y otras 50 hectáreas en Alcorta provincia de Santa Fe. En 1989 vende dichas propiedades y decide la compra de 130 hectáreas de campo a unos 5 kilómetros de la ciudad de Bigand donde reside. Por esos años –manifestó Oscar en la entrevista personal– *"me agarró la crisis y devaluación del dólar con el crédito que tenía sacado, le entregue 49 hectáreas a mi hija y el resto, las 91, las tuve que alquilar para ganadería a terceros, no pude poner ni siquiera una vaca mía"*. Durante la década de los ´90 Oscar se dedica a la compra-venta de hacienda en pié siendo representante en la feria de Bigand. En el año 2000, deja la feria y comienza con el abasto de carne a carnicerías del pueblo y la zona. La materia prima, es decir, el ganado para faena era comprado en su totalidad a terceros. Por el año 2003 su hijo Marcelo, Médico Veterinario, se incorpora a la empresa familiar. Tres años más tarde (2006) se inicia con el objetivo de diversificación y complemento del abasto de carne, un pequeño sistema de engorde a corral en su campo "La Esperanza" con unos 150 animales en encierre, integrándose este sistema o mejor dicho subsistema al abasto de carne

Para el año 2007, a modo de fotografía del establecimiento, contaba con 200 animales en su pequeño engorde a corral propio, 120 animales de hotelería en otro establecimiento de engorde a corral y 50 vacas propias más otros vientres de terceros que estaban bajo el régimen de pastaje en su campo. Ya al año siguiente (2008) comienza el crecimiento de la explotación pecuaria como engorde a corral con 750 animales propios en encierre y 150 animales de hotelería en otro establecimiento. Compra los vientres de terceros que tenía en su campo logrando obtener 79 vientres en su establecimiento y 30 más en otro que campo que comienza a arrendar.

En 2010 Cappelletti Agronegocios SRL (de Marcelo y Oscar) abastece 45 carnicerías de la zona con una venta mensual promedio 91.000 kg de carne, con una faena de 2.465 animales comprados a terceros (40,17 %) y 3.672 animales (59,83%) producidos en el propio SIEBI. Teniendo una existencia promedio de 1.500 animales en engorde y 100 vacas en el rodeo de cría; 30 hectáreas de la superficie del establecimiento implantada con pastura para la obtención de rollos y/o recría de invernada. Para el ciclo en evaluación (2013-2014) con una producción de 8.434 animales para faena, los kilogramos de res producidos fueron 1.453.009

Estructura del SIEBI

Características geográficas del establecimiento.

El establecimiento se encuentra ubicado a 5 km. al sur de la localidad de Bigand, perteneciente al sur del departamento Caseros y sur de la provincia de Santa Fe, correspondiente a la zona núcleo agrícola de la región pampeana.

Figura 4: Ubicación en la región.

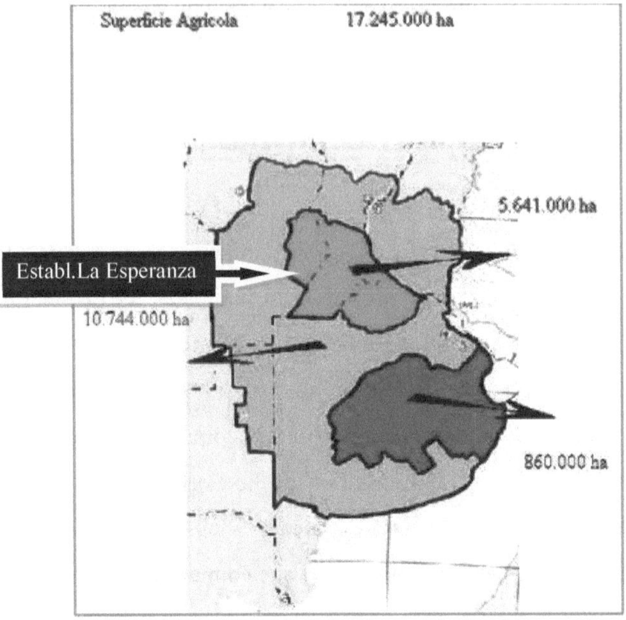

Fuente: www.sagpya.mecon.gov.ar

Bigand, fue fundada el día 15 de julio de 1909, se ubica en el cruce de la Ruta Nacional N°178 con la Provincial N°14. Dista 70 kilómetros de la ciudad de Rosario, 85 kilómetros Pergamino y 236 kilómetros de la ciudad de Santa Fe. Contaba con 5.258 habitantes (INDEC, 2010), lo que representa un incremento del 23% frente a los 4.011 habitantes (INDEC, 1991) del censo anterior. La actividad económica está basada mayormente en la producción agropecuaria (soja, trigo, maíz, vacunos), cuenta además con pequeñas industrias dedicadas al agro y a la producción de alimentos.

Figura 5: Ubicación en el departamento

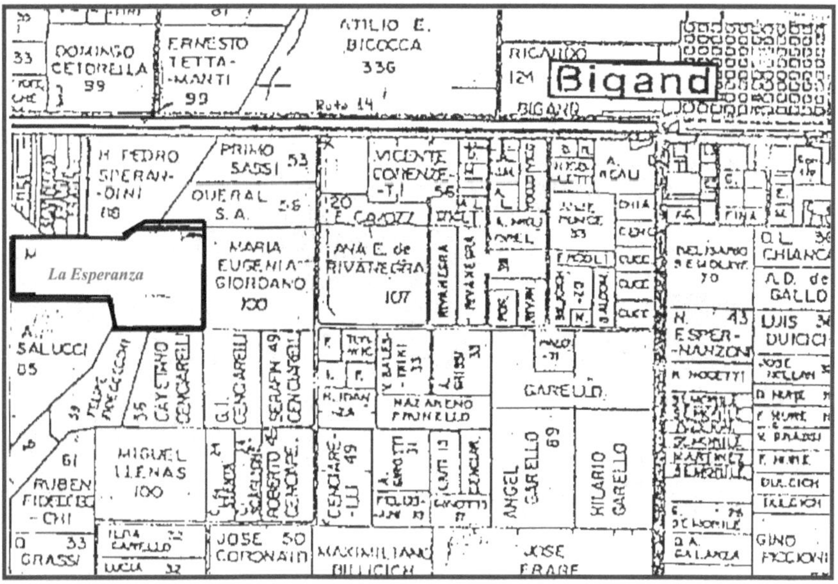

Factores Productivos.

Paisaje y suelo

El establecimiento posee 91 hectáreas, se encuentra en la región llamada pampa ondulada, caracterizada por un relieve suavemente ondulado y en parte recortado por cañadas y arroyos, donde pueden encontrarse pendientes que pueden superar el 2 – 3 %. Con respecto al clima la temperatura media anual ronda en los 17°C, siendo una región de clima templado sin gran amplitud térmica anual. El comienzo de las heladas es a fines de mayo extendiéndose hasta principios de setiembre. En cuanto a precipitaciones la media oscila entre los 900 a 1000 mm anuales, presentándose un exceso con respecto a la evapotranspiración entre los meses de marzo a octubre y un ligero déficit en verano. El valor del mismo como promedio de la deficiencia de agua suele manifestarse con más intensidad en algunos años y jugar un papel fundamental en la producción.

Como puede observarse en la siguiente imagen satelital el establecimiento se encuentra en la media loma y bajo. Atravesado en el centro en sentido este-oeste por la Cañada del Saladillo, la cual se encuentra canalizada. También posee un bajo con curso de agua que aboca a la misma corriendo en sentido norte-sur.

Figura 6: Imagen satelital del establecimiento

Las características generales de los suelos del establecimiento se relacionan con el paisaje de la llanura pampeana y localmente se caracterizan por pertenecer a la cuenca del río Saladillo, con complejos de suelos y relieves caracterizados por suaves pendientes. En el establecimiento se encuentran 4 tipos de suelos diferentes que se detallan a continuación:

•Bg 2: Serie Bigand, fase moderadamente bien drenada y muy poco anegable (pequeña fracción al noreste del Establecimiento) Es un suelo cuya capacidad de uso es de clase I, subgrupo 2. Poseen leves limitaciones, pudiendo ser utilizado para la producción de cultivos, pasturas, etc. Son planos ligeramente inclinados con pendientes de 0,5 – 1 % y ligera erosión.

•Bg 3 Y Chb 7: Esto suelos se describen como asociaciones y complejos determinados ya que forman parte del mismo paisaje y están constituidas de modo similar en las áreas respectivas. Su capacidad de uso es de clase III, subclase ws.

Son suelos con drenaje interno pobre, por exceso de humedad, presentando algunas limitaciones de uso, por lo que requieren prácticas de manejo y conservación de mediana complejidad. Están asociados con suelos afectados moderadamente por la alcalinidad, no obstante son adecuados para cultivos, pasturas y otros usos.

•Co 61: Complejo Arroyo I: Su capacidad de uso es de clase VI, subclase ws. Son suelos con exceso de humedad debido a la acumulación de las aguas provenientes de áreas circunvecinas más elevadas, con anegamiento transitorio y están afectados o asociados con suelos que presentan grados variables de alcalinidad. Presentan graves limitaciones para su uso resultando ineptos para cultivos, quedando su uso reducido a la producción de pasturas y el pastoreo natural. La pendiente está entre 0,5 y 1 % presenta acumulación por arrastre de las áreas inclinadas vecinas (INTA, 1979)

Figura 7: Mapa cartográfico de los suelos del Establecimiento

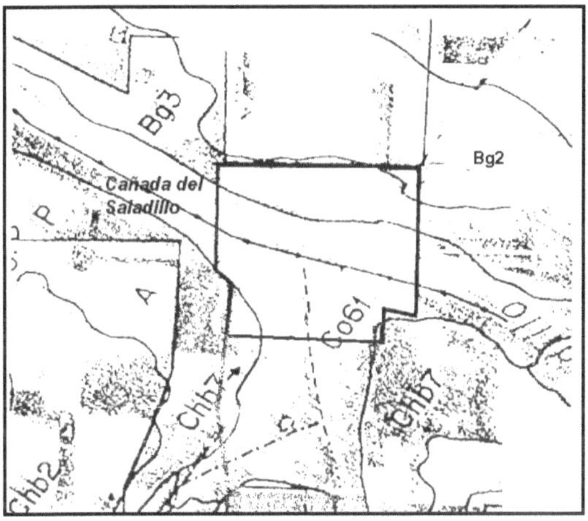

El campo está dividido en siete lotes de superficie variables que junto a las instalaciones del engorde a corral suman las 91 hectáreas y un octavo lote de campo adquirido por la empresa a fines del año 2013 de 28 hectáreas. Las subdivisiones son de alambrados permanentes y semipermanentes electrificados en buenas condiciones en general. El sistema de provisión y almacenamiento de agua está conformado por 2 molinos, bomba electro sumergible, dos tanques de depósito ubicados estratégicamente con aguadas distribuidas en todos los lotes y corrales. Además cuenta con dos grupos de instalaciones para el manejo de los animales (manga, corrales, etc.) uno en muy buenas condiciones siendo utilizado para el trabajo con los animales de encierre a corral y el restante en buen estado general. También posee un casco con comodidades y servicios como electrificación, casa para el personal y un galpón. En lo que respecta al engorde a corral posee 16 corrales de encierre con lazareto de enfermería y corrales de aparte. El patio de comidas consta de 4 silos con provisión de materia prima para la elaboración de alimento, quebradora, moledora de rollos, dos celdas de acopio, dos mixers, pala frontal y dos tractores. En cuanto a recursos forrajeros se cuenta con 36 hectáreas de pasturas artificiales y pasturas naturales en los bajos, tanto para la realización de cría como recría.

Figura 8: Plano del establecimiento

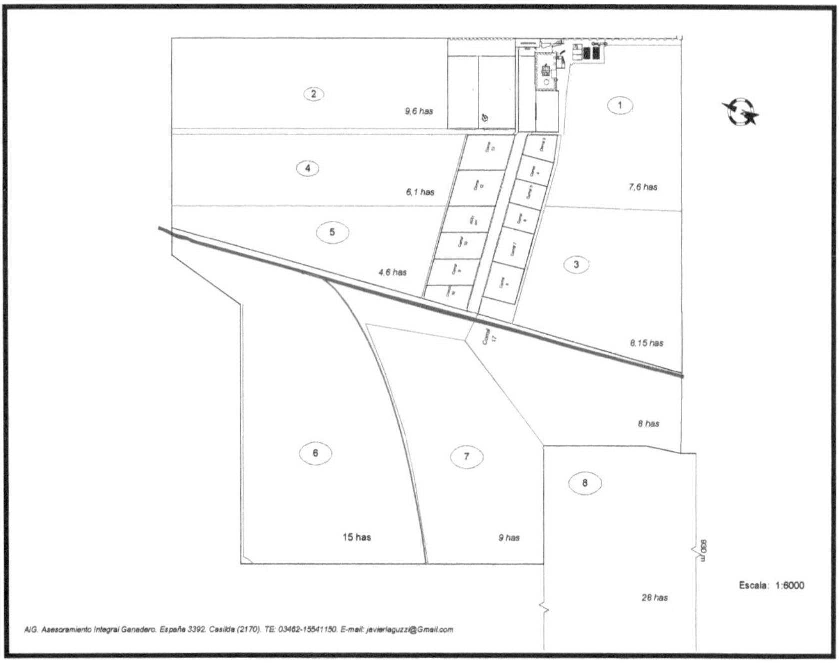

Historia de los lotes y su utilización

Cabe señalar, que los lotes 1, 2 y 4 se mantuvieron en alquiler para la actividad agrícola hasta el año 2008. Siendo los restantes hasta la misma fecha ocupados por ganadería (cría) propia y en pastaje a terceros.

Cuadro 1: Lotes y Utilización de los mismos

Lote/ Año	2013	2012	2011	2010	2009
1	Soja	Pastura	Pastura	Pastura	Pastura
2	Pastura	Pastura	Pastura	Pastura	Pastura
3	Sorgo	P. Natural	P. Natural	P. Natural	P. Natural
4	Pastura	Pastura	Pastura	Pastura	Pastura
5	Pastura	Pastura	Pastura	Pastura	Pastura
6	P. Natural	P. Natural	P. Natural	P. Natural	P. Natural
7	P. Natural	P. Natural	P. Natural	P. Natural	P. Natural

Descripción de instalaciones y manejo del engorde a corral.

En el establecimiento se realiza la actividad de engorde intensivo en 16 corrales de encierre, a su vez en la superficie restante se realiza la actividad de recría de animales más chicos para luego ingresarlos al sistema de engorde y en algunos años se ha realizado la actividad cría.

Corrales de trabajo:

Si bien en el diseño inicial de las instalaciones de trabajo se comenzó agrandando y acondicionando instalaciones viejas anteriores (bretes y corrales de aparte), desde un principio se tuvo en cuenta el confort de trabajo pensando en los operarios y su trato rutinario con los animales.

Figura 9: Diseño de Brete y corrales de trabajo

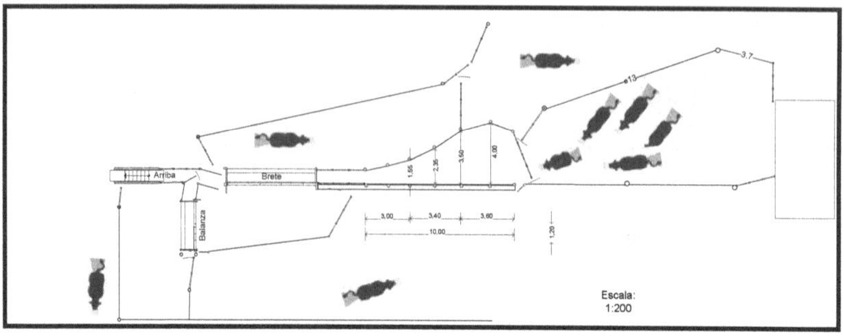

Como puede observarse en la figura anterior en general el diseño permite trabajar fluidamente con los animales sin ser una instalación curva, que es lo adecuado. Próximo a esta se encuentra el corral de enfermería. Como rutina general los animales con manifestaciones clínicas de enfermedad que se encuentran en los corrales de engorde, los cuales se hallan a una distancia prudencial los bretes, se llevan a enfermería para tenerlos próximos a los corrales de trabajo y tratarlos o tenerlos en observación.

Corrales de Engorde:

En las siguientes ilustraciones se muestran los corrales de encierre con una superficie total de 84.110 metros cuadrados, sin contar caminos, y corrales de aparte. Si tomamos una superficie media de 20 metros cuadrados (mínimo vigente según ordenanza de impacto ambiental) por animal la capacidad del establecimiento sería de 4200 animales. No obstante por cuestiones de bienestar la existencia media ronda entre 2200 y 2500 animales asignando entre 30 a 35 metros cuadrados por animal. Los corrales poseen pendiente hacia los costados que concluyen en un sistema de drenaje de los mismos hacia las partes más bajas y desde éstas hacia el canal del saladillo (ver Fig. 6 en paisaje y suelo). En cuanto al mantenimiento de corrales se cuenta pala para el acondicionamiento, compactación y con los restos se realizan las lomadas dentro de los mismos a modo de dormideros. La asignación de frente de comederos es de 25 centímetros lineales por animal. Tanto las aguadas como comederos poseen cemento próximo a ellos donde pisan los animales para evitar encharcamiento

Figura 10: Corrales de engorde

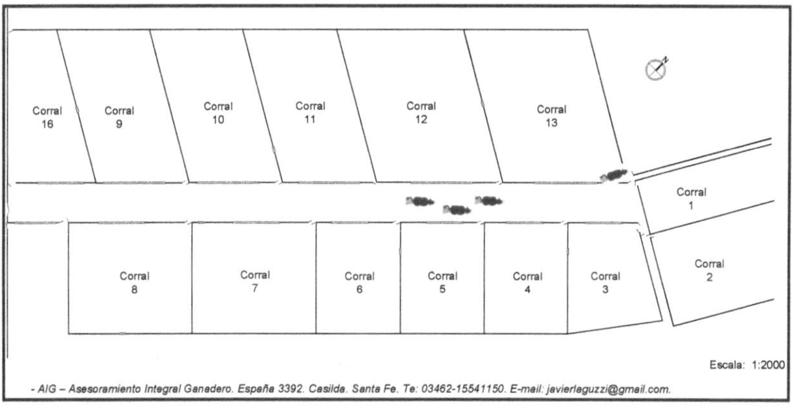

El patio de comidas como se dijo anteriormente está conformado por cuatro silos de acopio, un galpón dentro del cual se prepara la dieta y se utiliza como depósito y quebradora de grano. A su vez se encuentra un tinglado donde se procesan (desmenuzan) los rollos de alfalfa para el aporte de fibra. Junto a este hay dos celdas para almacenar alimento.

Figura 11: Patio de comidas e instalaciones de trabajo

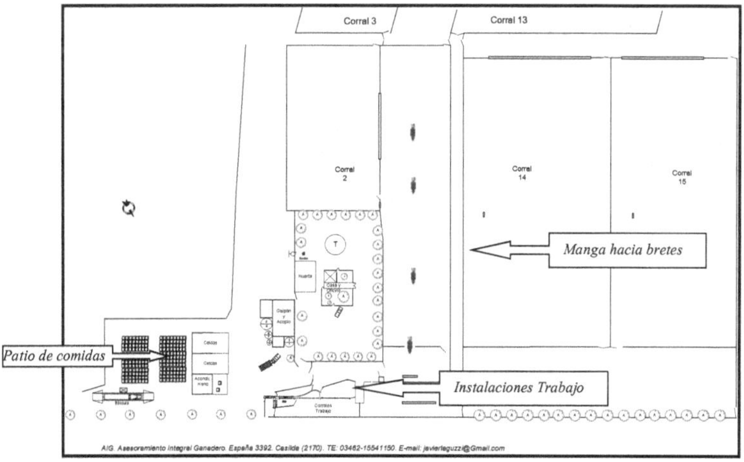

Componente Animal

El stock de animales en encierre oscila entre 2200 y 2500 con tres a cuatro ciclos productivos al año según categoría a engordar y resultado económico esperado. En lo que respecta a la actividad cría en dicho establecimiento se ha dado en forma discontinua variando entre 60-80 vientres cuya producción es insumo para la actividad de engorde a corral. La actividad recría le ha ido ganando territorio a la cría sobretodo en los últimos años. La misma surgió como una diversificación del engorde ya que para producir animales con peso de faena adecuado a las normativas vigentes se necesitaban terneros de mayor peso de ingreso al engorde a corral.

Cuadro 2: Principales datos relevados del resultado productivo 2013-2014.

Resultados del ciclo 2013-2014	
Existencia media	2434 animales
Animales Vendidos	8350 animales
Peso de entrada	190 Kg
Peso de salida	317,4 kg (8% desbaste, 292 kg)
Duración del ciclo	105 Días
Ciclos realizados al año	3,46 ciclo por años
Aumento de peso diario Bruto	1,209 kg por animal día
Conversión Alimenticia	6,58 : 1
Mortandad (muertos sobre ingreso)	0,88%

Cuadro 3: Producción de kilogramos de carne (kg vivos) ciclo 2013-2014.

Variables	*Kg en pie*	*Observaciones*
Compras	1.580.206	Kilogramos de animal desbastado en pié
Ventas	2.300.744	
Existencia Inicial	557.964	Kilogramos según Sistema Wincampo
Existencia Final	620.219	
Producción	782.792	Kilogramos producido en ciclo 2013-2014

Alimento y dietas.

A excepción de algunos rollos (heno) producidos en el establecimiento, la totalidad de las materias primas para la elaboración de alimento son compradas a empresas o productores de la zona. El principal producto con el que se cuenta es el maíz que participa en más de un 50% de inclusión en la dieta. Para el aporte de proteína y fibra se utilizan subproductos como afrechillo de trigo, expeller de girasol integral, expeller de soja, marlo molido, gluten húmedo y rollo de alfalfa molido. Como complemento vitamínico-mineral se utiliza una premezcla con urea (40% equivalente proteico). En general se utilizan tres dietas distintas, una de adaptación alta en fibra y proteína, que se suministra los primeros 15-20 días de arribo de los animales. Luego la dieta de terminación que es más energética. Para animales de bajo peso de ingreso luego de la adaptación se utiliza una dieta de recría, la cual es baja en energía y su función es fomentar el crecimiento de animal sin que se termine antes del peso mínimo de faena establecido por Ministerio de Agricultura de la Nación, el cual se fija en 165 kilogramos de res.

Componente Social

El aporte de trabajo para mano obra en su totalidad pertenece a la misma región, ya sea de empleados permanentes como así también contrataciones a terceros a modo de mano de obra temporaria. La labor de los propietarios radica en el gerenciamiento y administración general tanto del sistema de abasto como el de engorde a corral. En este último se cuenta con 6 personas permanentes, de los cuales uno es administrativo (reside en la oficina del pueblo), un chofer (transporte hacienda, acopio de alimentos y ayuda en trabajo de hacienda) y cuatro encargados del manejo de animales en campo. Siendo un encargado general, un casero que vive en el establecimiento, un peón y el encargado de alimentación de los animales; este último está afectado en un 60% al campo y un 40% al abasto. En la empresa de abasto son 5 personas permanentes, un administrativo y 4 operarios de abastecimiento y entrega de mercadería. En la gerencia general junto a los dos propietarios la empresa cuenta con 13 personas en total. Dentro de lo que es contrataciones a terceros, se contrata personal para transporte y descarga de alimento, hacienda, mantenimiento de instalaciones (alambrado, movimiento de tierra, albañil, etc.) y para labranza del campo (siembra, henificación, fumigación). Se cuenta con servicio de asesoramiento técnico profesional.

El aporte de carne producida por el establecimiento, ya sea terneros provenientes del rodeo de cría, invernada de la recría y el producto final de engorde a corral son vendidos a nivel regional en la zona en la que se encuentra. Según la entrevista realizada a los propietarios *"no solo nos interesa la producción de animales gordos, sino también prestar especial atención a la calidad del producto, que abarca desde la selección de la reposición de invernada, pasando por el bienestar animal, sanidad, calidad del alimento, impacto ambiental, etc.; ya que el producto forma parte del insumo principal del subsistema de abasto de la misma empresa"* (Méd. Vet. Marcelo Cappelletti, Socio Gerente).

El SIEBI está asociado a "La Cámara Argentina de Feedlot". *La misma es una asociación civil sin fines de lucro que surgió en 1997 a partir de la unión de un grupo de productores ganaderos que buscaban mantener actualizado su método de producción y adecuarse a la legislación y normas vigentes. Los productores notaron la necesidad de nuclearse dentro de una Cámara que los representara ante los organismos oficiales y que trasmitiese las inquietudes del engorde a corral, un sector intensivo que tiene necesidades y características muy específicas* (www.feedlot.com.ar). Hoy en día la Cámara Argentina de Feedlot cuenta con unas 250 empresas asociadas y en conjunto tienen una capacidad de encierre instantánea de 1.000.000 de cabezas, y su producción potencial anual del 2013 fue de 2,5 millones de cabezas aproximadamente.

Componente Medioambiental y legislación

El principal impacto generado en este tipo de sistemas es la producción de excretas que deriva en la emisión de gases, materia fecal y efluentes líquidos. Estos últimos se generan de manera intermitente dependiendo de las precipitaciones. De acuerdo a lo que exige la Resolución N° 23/09 de la provincia de Santa Fe, se cuenta con el informe ambiental de cumplimiento, asimismo se tiene consideración al Decreto N° 101/03 de la Secretaria de Medio Ambiente y Desarrollo Sustentable la Provincia de Santa Fe. En dicho *Informe Ambiental de Cumplimiento* se analizan las distintas actividades desarrolladas en el engorde a corral y su relación con el ambiente. A fin de cumplimentar con las reglamentaciones en materia de Calidad Ambiental se establecieron Medidas de Mitigación; Planes de Monitoreo y Planes de Prevención de Riesgos que el establecimiento deberá implementar para ejecutar un correcto funcionamiento en todo el predio.

A modo de ejemplificación final en la siguiente figura se modela el sistema bajo evaluación, esquematizando su estructura y las relaciones o interacciones entre los elementos que hacen al funcionamiento del conjunto.

Figura 12: Modelo Gráfico del establecimiento descripto.

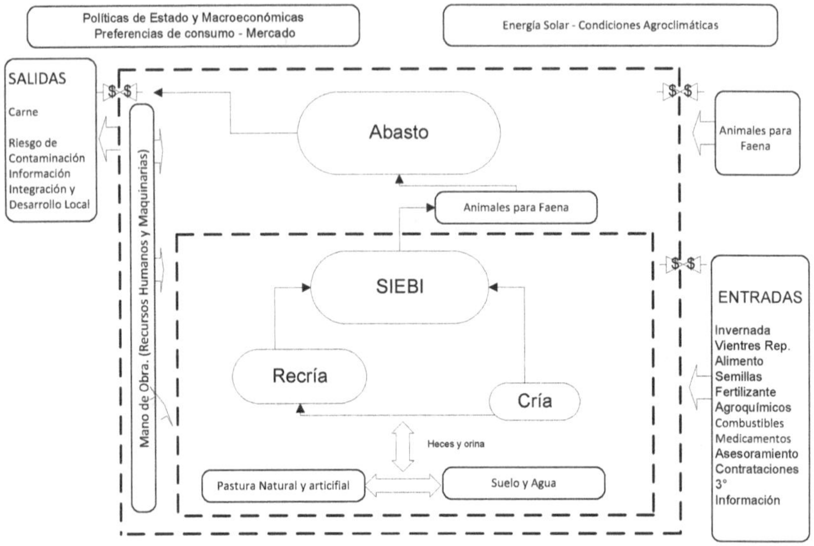

PASO 2. DETERMINACIÓN DE FORTALEZAS Y DEBILIDADES DEL SISTEMA

Desde el punto de vista Ecológico:

- La alta densidad de animales en los corrales de encierre trae como consecuencia contaminación de la napa freática con nitratos y fósforo a su vez disminuye el PH del suelo. En éste establecimiento el tratamiento de mantenimiento periódico consiste en compactación del piso y con la materia fecal y tierra sacada se realizan lomadas dentro de los mismos.

- La contaminación por animal por metano en los sistemas de engorde a corral es menor que en los sistemas pastoriles, pero la alta densidad de los mismos hace que sea mayor por unidad de superficie.

- En el establecimiento si bien se están realizando las acciones correspondientes a la reglamentación vigente de impacto ambiental (ver anexo) aún no está concluido el sistema de lagunas para el tratamiento de efluentes.

- Con respecto a los desechos de envases y descartables de medicamentos, los mismo se llevan para su eliminación al hospital del pueblo.

- No se cuenta con forestación perimetral.

-. Bienestar animal: si bien la infraestructura, la alimentación y el trato con animales se realizan acorde con éste punto; no se debe descartar que estamos en presencia de un sistema intensivo con alta densidad de animales y expuestos a las condiciones climáticas, situaciones que operan en ciertos momentos como factores predisponentes de diversas enfermedades.

Desde el punto de vista Social:

- Un aspecto importante de destacar es que el personal a cargo recibe formación técnica mediante jornadas y capacitación por medio de profesionales en lo que respecta al manejo de animales y rutinas del sistema.

- Todos los animales producidos son vendidos por la misma empresa de abasto en la región. Es decir que la existencia de cadenas productivas (engorde a corral) y comerciales (abasto) cortas están favoreciendo el desarrollo local.

- Toda la mano de obra de terceros tomada para hacer tanto mantenimiento como infraestructura nueva es de la misma ciudad.

Desde el punto de vista Económico – productivo:

- El establecimiento se destaca por presentar una situación geográfica estratégica ya que se encuentra enclavado en pleno núcleo agrícola de la región pampeana, lo que le da la posibilidad de adquisición de alimento como insumo para el mismo. No sucede lo mismo desde el punto de vista de la reposición de hacienda que se debe traer desde distancias cada vez más lejanas.

- Siendo un subsistema brinda el aporte de insumos para el sistema mayor de abasto de carne en la región. Si al aporte del SIEBI de 1.453.009 kilogramo de res con hueso para el ciclo 2013-2014, lo dividimos por 60,35 kilogramos de consumo per cápita medio para ese período (CICCRA 06-2014) se provee de alimento para más de 24.000 habitantes de la región al año. Esta característica marca el impacto que poseen las empresas de producción intensiva a nivel regional. Además este establecimiento tiene una posición relevante, fundamentalmente en relación a la cercanía a los centros comerciales.

- La diversificación productiva aporta sustentabilidad económica a la empresa. Manifestándose por la estrecha relación que posee con el sistema de abasto, ya que el engorde a corral fue creado como una diversificación vertical de la empresa, creció en forma exponencial en los últimos años debido a una gran ventaja que es la posibilidad de venta a costos de oportunidad beneficiosos para el subsistema.

- Desde el punto de vista de la relación abasto-engorde a corral, este último si bien otorga más del 80% de los insumos (carne) al otro subsistema, el resto comprado a terceros favorece el sistema de abasto en ciertas épocas del año donde el precio de hacienda para faena es relativamente bajo.

- El sistema de subsidios otorgado por el estado hasta el 2009 ha sido de crucial importancia para el sistema en los años anteriores.

PASO 3 y 4. SELECCIÓN DE CRITERIOS DE DIAGNÓSTICO E INDICADORES. MEDICIÓN Y MONITOREO DE LOS MISMOS

Cuadro 4: DIMENSIÓN ECONÓMICA PRODUCTIVA

ATRIBUTO	CRITERIO	INDICADOR	DESCRIPTOR	MEDIO DE VERIFICACIÓN
Productividad	Eficiencia	Tasa de extracción: Ciclo engorde	Animales vendidos/ existencia media * 100	En Base a relevamiento de resultados económicos y productivos
		Relación Costo producción total	CTP / IB * 100 (costo total producción)	Idem Anterior
Estabilidad, Resiliencia Confiabilidad	Autosuficiencia del sistema	Contribución del subsistema pecuario en el abasto	An. Prod. Subsist. pecuario/ An. vendido en el Abasto	Idem Anterior
	Fragilidad del sistema	Oportunidad de Producción	Costo del Kg an. Prod. en Subsist./ Costo del Kg an. de compra para faena a terceros	Idem Anterior Relación 0,5 – 1,5

Propuesta de medición de indicadores para la dimensión económica-productiva

Para el atributo productividad y criterio eficiencia del sistema

Indicador:

- **Tasa de extracción: ciclo de engorde**

En un sistema con existencia estable, la tasa de extracción nos sirve para calcular la duración del ciclo. Por ejemplo, un engorde a corral con una venta de 333 animales mensuales, cuya existencia media mensual es de 1000 animales; nos da una tasa de extracción del 33% por mes. Esto quiere decir que la duración del ciclo sería de 90 días (tres meses).

$$\textbf{Tasa Extracción: } \frac{\text{Ventas Mensuales}}{\text{Existencia Media Mensual}} \times 100$$

Umbrales y escala:

50% = Valor 5. Representa un ciclo 2 meses de duración con alta tasa de rotación.

10% = Valor 1. Representa un ciclo de 10 meses de duración.

- **Relación costo producción total (RCPT)**

Este resultado está relacionado directamente con la rentabilidad del sistema. Los costos totales de producción resultan de la suma de los costos variables y fijos. A estos se los divide por el ingreso bruto por venta y se lo lleva a porcentaje.

$$\textbf{RCPT: } \frac{\text{Costo Total de Producción}}{\text{Ingreso Bruto}} \times 100$$

Umbrales y escala:

100% = Valor 1. Cuando los costos totales de producción son iguales o superan al ingreso bruto; este valor adquiere relevancia en un sistema productivo como este, ya que a esa relación el subsistema de engorde a corral solo brindaría sustento como proveedor de insumo para en abasto del sistema a evaluar sin bridar rentabilidad propia.

50% = Valor 5. Es decir los costos totales de producción representan el 50 % del ingreso bruto. Valor que según fuentes históricas es muy difícil que se manifieste (Ministerio de Agricultura, Ganadería y Pesca, 2014).

Para el atributo: Estabilidad, Resiliencia y Confiabilidad

Criterio: Autosuficiencia del sistema

Indicador:

- **Contribución del subsistema pecuario en el abasto (CSpA)**

Dado el gran vínculo que existe entre los dos subsistemas y que el engorde a corral surgió a modo de diversificación anterior, esta relación nos permitiría explicar el grado de correspondencia entre ambos; ya que en ciertos años resulta más o menos conveniente realizar la actividad de encierre o dedicarse a la compra de animales para faena a terceros.

$$\textbf{C SpA}: \frac{\text{Animales terminados Subsistema Pecuario}}{\text{Total animales vendidos en el Abasto}} \times 100$$

Umbrales y escala:

100% = Valor 5. La totalidad de los animales vendidos por el abasto son producidos en el subsistema de engorde a corral.

0% = Valor 1. El subsistema de engorde a corral no produce animales para el abasto.

Criterio: Fragilidad del sistema

Indicador:

- **Oportunidad de Producción (Op Prod)**

Este indicador relaciona el costo total de producción por animal por kilogramo en el subsistema de encierre a corral, con respecto al costo por kilogramo de un animal comprado por el abasto a terceros. Permitiendo diferenciar si le es rentable (oportuno) la producción de animales para propia faena o no al sistema.

$$\textbf{Op Prod}: \frac{\text{Costo / Kg animal Producido en el subsistema}}{\text{Costo /Kg animal de compra para faena a terceros}}$$

Umbrales y escala:

Op Prod.	**0,5**	**0,75**	**1**	**1,25**	**1,5**
Escala	5	4	3	2	1

Nota: se tomó como situaciones extremas un 50 % de diferencia en la oportunidad de producción

Cuadro 5: DIMENSIÓN ECOLÓGICA AMBIENTAL

ATRIBUTO	CRITERIO	INDICADOR	DESCRIPTOR	MEDIO DE VERIFICACIÓN
Estabilidad, Resiliencia Confiabilidad	Conservación de Recursos	Calidad de Agua	Sólidos Disueltos totales, Nitritos	Análisis de Agua
		Calidad de Suelo	Materia Orgánica Nitrato, Fósforo	Análisis de suelo
		Impacto Ambiental	Cumplimiento del estudio de Impacto Ambiental	Grado de cumplimiento legal con la normativa de IA
	Retorno	Eficiencia del uso de residuos orgánicos: Estiércol Utilizado Análisis de suelo fertilizado	Total Estiércol utilizado como fertilizante orgánico/ Total estiércol producido Análisis de suelo fertilizado	Prácticas de manejo Análisis de laboratorio Cambio de las propiedades del suelo fertilizado

Propuesta de medición de indicadores para la dimensión ecológica ambiental

Para el atributo: Estabilidad, Resiliencia y Confiabilidad

Criterio: Conservación de Recursos

Indicadores:

- **Calidad de Agua**

La calidad de un agua debe considerarse en relación al empleo al que se destina, tanto que en ganadería puede limitar o impedir algunos de los tipos de producción (Bavera, 2001). Resulta de gran importancia las variaciones que ocurren en la calidad de la misma a lo largo del tiempo, sobre todo en los sistemas intensivos de producción. Según la Res Nº 023 de la Secretaría de Medio Ambiente del Ministerio de Aguas, Servicios Públicos y Medio Ambiente de la provincia de Santa Fe " *los establecimientos con una capacidad superior a doscientos (200) animales deberán contar con un sistema de monitoreo de aguas sub-superficiales (freático), especificando tipo y cantidad de pozos y muestreo semestral de los mismos, debiendo archivar la documentación a los fines de ser presentada ante las Auditorías de la Secretaría de Medio Ambiente"*

Si bien se realizarán análisis completos de agua para control (químico y biológico); en el siguiente trabajo de estudio y monitoreo se tomarán la variaciones en el contenido de Sólidos Disueltos Totales y Nitritos. Los nitratos y nitritos representan la fase "final de la descomposición orgánica (contaminación bacteriana por residuos humanos y animales). A su vez indican presencia de fertilizantes nitrogenados en el agua (lixiviación de fertilizantes). Dado que los nitritos son dos veces más tóxicos que los nitratos se plantea en monitoreo de éstos.

Umbrales y escala: Sólidos disueltos totales

CLASIFICACIÓN	PUNTUACIÓN		mg/litro
DEFICIENTE	3	menos de	1.500
BUENA	4	más de	1.500
MUY BUENA	5	Hasta	2.000
Regula a BUENA	2	Hasta	4.000
MALA	1	hasta y más	7.000

(Clasificación según Bavera, 2001)

Umbrales y escala: Nitritos

mg/litro	0 a 1	1 a 10	más de 10
Clasificación	Apta	Intermedia	Inapta
Puntuación	5	3	1

(Clasificación según Bavera, 2001)

- **Calidad de suelo**

Se plantea el seguimiento de la calidad de suelo en los lotes destinados a agricultura y ganadería base pastoril. Para lo cual se realizará el monitoreo del contenido de materia orgánica (MO), fósforo (P) y nitrato (N(NO3))

Umbrales y escala:

Clasificación	Puntuación	MO (%)	P (ppm)	N (NO3)ppm
Muy Alto	5	> 3.5	>50	>30
Alto	4	3 a 3.5	31-50	21-30
Adecuado	3	2.5 a 3	18-30	16-20
Bajo	2	2- 2.5	10-17	10-15
Muy Bajo	1	<2	<10	<10

Fuente: según consulta Laboratorio Casilda Bioanálisis

- **Impacto Ambiental**

A fin de cumplimentar con las reglamentaciones en materia de Calidad Ambiental se establecieron Medidas de Mitigación, Planes de Monitoreo y Planes de Prevención de Riesgos que el establecimiento deberá implementar para ejecutar un correcto funcionamiento en todo el predio, según resolución. N° 23/09 de Regulación de *Feedlots* y Decreto N° 101/03 de la Secretaria de Medio Ambiente y Desarrollo Sustentable la Provincia de Santa Fe.

Umbrales y escala:

Mediante el presente indicador se pretende monitorear el grado de cumplimiento según el estudio e informe ambiental propuesto para el sistema de las acciones a realizar (en el proyecto de evaluación y mitigación del impacto ambiental presentado) y las actividades realizadas para tal fin por el establecimiento. (Ver anexo, acciones a realizar según estudio Impacto Ambiental)

CLASIFICACIÓN	CUMPLIMIENTO	PUNTUACIÓN
Muy Alto	81-100	5
Alto	61-80	4
Regular	41-60	3
Bajo	21-40	2
Muy Bajo	0-20	1

Criterio: Retorno

Indicadores:

- **Eficiencia del uso de residuos orgánicos: Estiércol (Ef Es)**

$$\text{Ef Es: } \frac{\text{Total estiércol utilizado como fertilizante orgánico}}{\text{Total estiércol disponible año}} \times 100$$

Consideraciones:

Se estima que la producción de material fecal diaria equivale aproximadamente al 3,4-3,8 % del peso vivo y la misma posee un 20% de materia seca. En cuanto a orina, la producción diaria es 1,2 a 1,8 % del peso vivo y su contenido de materia seca equivale a un 3-4%. Desde el punto de vista de la recolección de heces se considera una eficiencia de recolección del 70% y un contenido 70% de materia seca en la misma. (Pordomingo.2003)

Estimación del total de heces disponible por año: THD

THD= peso medio del animal* Exist. media *365 *(3,6%* 20% + 1,5% * 3,5%) *70%

NOTA: Adaptado Pordomingo. A.2003. Gestión Ambiental en feedlot. Guía de buenas prácticas. INTA

Umbrales y escala:

5 = Utilización del 100% producido
4 = Utilización del 75% producido
3 = Utilización del 50% producido
2 = Utilización del 25% producido
1= No dar uso alternativo a los residuos

- **Análisis de suelo fertilizado**

Se analizarán los cambios de las propiedades del suelo fertilizado con respecto a las propiedades iniciales del mismo, se propone el monitoreo del contenido de **Materia Orgánica, Nitrato y Fósforo**; dado que estos tres son las propiedades propuestas para monitorear según el criterio **Conservación de Recursos** mediante el indicador **Calidad de Suelo**.

Umbrales y escala:

% de Cambio	>20 %	10 -20 %	Igual	-10 -0%	< - 10% no da uso
Puntuación	5	4	3	2	1

Cuadro 6: DIMENSIÓN SOCIAL

ATRIBUTO	CRITERIO	INDICADOR	DESCRIPTOR	MEDIO DE VERIFICACIÓN
Productividad	Integración Regional	-Potencial abastecimiento Local:	N° personas alimentadas.	Kg de carne vendidos anual en la región / Consumo per cápita anual del país
Estabilidad, Resiliencia Confiabilidad	Calidad de vida	-Calidad de vida (Subjetiva)	Nivel de conformidad	Encuesta : Formulario de evaluación de conformidad
	Generación de Empleo	-Mano de Obra (Sb sistema pecuario)	-Cantidad de animales por hombre N° de familias	Existencia de Animales / personal permanente
		-N° Familias involucradas al sistema directa e indirectamente	Empleo directo e indirecto	Relevamiento en base a personas involucradas al proceso productivo del sistema y comercial del abasto

Propuesta de medición de indicadores para la dimensión Social

Para el atributo productividad y criterio integración regional

Indicador:

- **Potencial abastecimiento Local: (PAL)**

Este indicador trata de describir el impacto regional que posee el sistema considerando la cantidad de habitantes de la región con respecto a la demanda (consumo per cápita).

$$PAL: \frac{\text{Cantidad de personas que pueden alimentarse según consumo per cápita}}{\text{Habitantes de la región según último censo}}$$

Donde: la cantidad de personas que pueden alimentarse según consumo per cápita surge de:

$$: \frac{\text{Kg de res vendidos anual en la región}}{\text{Consumo per cápita anual del país}}$$

Umbrales y escala:

Como primer paso se calcula la cantidad de habitantes que pueden alimentarse en base a la producción del establecimiento. Para ello se tomó como referencia, el consumo per cápita (60,35 kilogramos por habitante por año según CICCRA, 06-2014) y la producción de res del subsistema pecuario para el ciclo en evaluación. Para definir el porcentaje de abastecimiento local se consideró la cantidad de habitantes del departamento Caseros según el último censo nacional que fue de 79.491 habitantes (Censo Indec, 2010). Se tomará como potencial máximo de la empresa al 50% de la población.

Abastecimiento	**40-50%**	**30-40%**	**20-30%**	**10-20%**	**0-10%**
Puntuación	5	4	3	2	1

Para el atributo: Estabilidad, Resiliencia y Confiabilidad

Criterio: Calidad de vida

Indicador:

- **Calidad de vida (subjetiva)**

La misma tiene que ver con la evaluación del grado de conformidad de diversos aspectos relacionados con la dimensión social y personal de cada integrante de la empresa. Para ello se realizará una encuesta anónima anual al personal a través de un formulario de evaluación de conformidad. El siguiente cuadro muestra los aspectos evaluados donde se trabajará bajo la consigna de ¿Cuál es tu nivel conformidad en los siguientes aspectos?.

Aspectos	Muy Conforme	Conforme	Poco Conforme	Nada Conforme	Inconforme Quiere Cambiar
Estado de su vivienda *(como es tu casa)*					
Alimentación					
Acceso a servicios de salud *(hospital, sanatorio etc)*					
Locomoción personal *(conforme con tu medio de transporte, auto chata etc)*					
Tiempo dedicado al trabajo					
Cantidad de tiempo libre que posee					
Maquinarias y herramientas brindada por la empresa para trabajar					
Acceso a educación, formación o capacitación					
Calidad trabajo (exigencia física, mental)					
Situación económica personal					
Alguna otra Observación que deseas hacer:					

(Adaptado de MOLINA, C. "Una propuesta para evaluar la Sustentabilidad de los Sistemas ganaderos familiares Criadores")

Por medio de esta encuesta, el nivel de conformidad se evalúa desde dos puntos de vista, uno (los cuatro primeros aspectos) relacionado con la familia, vivienda y entorno social; el otro (los seis siguientes) relacionado con la conformidad del trabajo y trato brindado por la empresa. (Ver Anexos).

Umbrales y escala:

Se promedian los resultados de las distintas encuestas y se las agrupa bajo la siguiente escala:

Conformidad	Muy Conforme	Conforme	Poco Conforme	Nada Conforme	Inconforme *Quiere Cambiar*
Puntuación	5	4	3	2	1

Criterio: Generación de empleo

Indicadores:

- **Mano de obra (del subsistema pecuario)**

Este indicador revela la cantidad de animales por hombre afectado directamente al sistema (empleado).

Umbrales y escala:

Para establecer los umbrales se consideró la resolución 3038/11 de AFIP (Administración Federal de Ingresos Públicos) que data de las Obligaciones del sistema de la seguridad social e indicadores Mínimos de Trabajadores. Donde en el punto V establece lo siguiente:

V- SECTOR "FEED LOT"
Tipología: Engorde de ganado a corral.
Unidad de medida: carga instantánea de cabezas de ganado bovino, que es el stock de cabezas existente en cada establecimiento en un mismo período.
IMT: Cantidad de empleados por cabezas de ganado bovino:

a) Hasta DOS MIL (2.000) cabezas: TRES (3) empleados.

b) De DOS MIL UNO (2.001) a OCHO MIL (8.000) cabezas: TRES (3) empleados más UN (1) empleado adicional por cada MIL (1.000) cabezas que excedan las DOS MIL (2.000).

c) De OCHO MIL UNO (8.001) a DIECISEIS MIL (16.000) cabezas: NUEVE (9) empleados más UN (1) empleado adicional por cada MIL DOSCIENTOS CINCUENTA (1.250) cabezas que excedan las OCHO MIL (8.000).

d) De DIECISEIS MIL UNO (16.001) cabezas en adelante: QUINCE (15) empleados más UN (1) empleado adicional por cada MIL SEISCIENTOS CINCUENTA (1.650) cabezas que excedan las DIECISEIS MIL (16.000).

Se ponderarán los resultados obtenidos bajo la siguiente escala:

Nº de animales / persona	**250**	**500**	**750**	**1 / 1000**	**>1000**
Puntuación	5	4	3	2	1

- **Número de Familias involucradas al sistema directa e indirectamente**

Se realizará el relevamiento anual en base a personas involucradas al proceso productivo y comercial del sistema. Tomando cada empleado, persona vinculada y/o cliente como una familia. Se contabilizará en número de familias involucradas al sistema tanto directa como indirectamente

Umbrales y escala:

Nº de familias	**> 70**	**51-70**	**31-50**	**11-30**	**≤ 10**
Puntuación	5	4	3	2	1

Estandarización de los resultados para la obtención del valor del indicador.

Los resultados obtenidos se estandarizaron en una escala de 1 a 5. Para algunos indicadores de índole más cualitativa se propuso una estratificación; para otros los valores se fijaron entre máximos y mínimos. A continuación se muestra mediante dos ejemplos como se obtiene el valor del indicador mediante un resultado por extrapolación, cuando la escala es positiva o negativa

Ejemplo1. Indicador: Relación costo producción total

Este resultado estará relacionado directamente con la rentabilidad del sistema. Los costos totales de producción resultan de la suma de los costos variables y fijos. A estos se los divide por el ingreso bruto por venta y se lo lleva a porcentaje.

$$RCPT: \frac{\text{Costo Total de Producción}}{\text{Ingreso Bruto}} \times 100$$

$$RCPT: \frac{\$\,4182{,}95}{\$\,4418{,}41} \times 100 = 94{,}65\%$$

Umbrales y escala:

100% = Valor 1. Cuando los costos totales de producción son iguales o superan al ingreso bruto.

50% = Valor 5. Es decir los costos totales de producción representan el 50 % del ingreso bruto.

Resultado	**Ponderación**	
	Valor	Escala
Mínimo	100%	1
Máximo	50%	5
Diferencia	**50%**	**4**
Para (94,65%-50%)	44,65%	3,57
Escala Final (5 -3,57)		**1,43**

Ejemplo 2. Indicador: Contribución del subsistema pecuario en el abasto (C SpA)

C SpA: $\dfrac{\text{Animales terminados Subsistema Pecuario}}{\text{Total animales vendidos en el Abasto}} \times 100$

C SpA: 84,05%

Umbrales y escala:

100% = Valor 5. La totalidad de los animales vendidos por el abasto son producidos en el subsistema de engorde a corral.

0% = Valor 1. El subsistema de engorde a corral no produce animales para el abasto.

Resultado	**Ponderación**	
	Valor	Escala
Máximo	100%	5
Mínimo	0%	1
Diferencia	**100%**	**4**
Subtotal	84%	3,362
Escala Final (1 + 3.36)		**4,36**

PASO 5. PRESENTACIÓN E INTEGRACIÓN DE RESULTADOS.

En el siguiente cuadro se presentan numerados y clasificados según dimensión, atributo y criterio, los 16 indicadores seleccionados para realizar la evaluación de sustentabilidad del sistema productivo. Donde los indicadores del número 1 al 4 contemplan la dimensión Productiva, del 5 al 12 la ecológica ambiental y finalmente del 13 al 16 la social.

Cuadro 7: Resumen y numeración de los indicadores a utilizar

Dimensión	Atributo	Criterio	N°	Indicador
Productiva	Productividad	Eficiencia	1	Tasa de extracción: Ciclo engorde
			2	Relación Costo producción total
	Estabilidad, Resiliencia	Autosuficiencia	3	Contribución del subsistema pecuario en el abasto
	Confiabilidad	Fragilidad	4	Oportunidad de Producción
Ecológica Ambiental	Estabilidad, Resiliencia Confiabilidad	Conservación de Recursos		Calidad de Agua
			5	Sólidos Disueltos Totales,
			6	Nitritos
				Calidad de Suelo
			7	Materia orgánica
			8	Nitrato,
			9	Fósforo
			10	Impacto Ambiental
		Retorno	11	Eficiencia del uso de residuos orgánicos: Estiércol
			12	Suelo fertilizado
Social	Productividad	Integración Regional	13	Potencial de abastecimiento Local:
	Estabilidad,	Calidad de vida	14	-Calidad de vida (Subjetiva)
	Resiliencia	Generación	15	-Mano de Obra (Sb sistema pecuario)
	Confiabilidad	de Empleo	16	-N° Familias involucradas al sistema directa e indirectamente

A continuación, según cada dimensión analizada, se integran los resultados que se han podido evaluar según el paso anterior en el sistema productivo analizado.

Cuadro 8: Resultado de los indicadores y valor ponderado de escala.

Nº	**INDICADOR**	**VALOR OBTENIDO**	**VALOR ESCALA**
1	Tasa de extracción: Ciclo engorde	29%	2,86
2	Relación Costo producción total	95%	1,43
3	Contribución del subsistema pecuario en el abasto	84%	4,36
4	Oportunidad de Producción	92%	3,31
5	Sólidos Disueltos Totales,	Deficiente. 473 mg/l	3,00
6	Nitritos	Apta < 0,01 mg/ml	5,00
7	Materia orgánica	Bajo. 2,23%	2,00
8	Nitrato,	Bajo. 11 ppm	2,00
9	Fósforo	Bajo. 12 ppm	2,00
10	Impacto Ambiental	Regular. 60%	3,00
11	Eficiencia del uso de residuos orgánicos: Estércol	No da uso	1,00
12	Suelo fertilizado	Alternativo aun	1,00
13	Potencial de abastecimiento Local:	30,3%	4,00
14	-Calidad de vida (Subjetiva)	Conforme	4,03
15	-Mano de Obra (Sb sistema pecuario)	1 cada 405 animales	4,38
16	-N° Familias involucradas al sistema directa e indirectamente	51 - 70	4,00

En la figura 13 se muestran de los valores obtenidos en un diagrama radial, la visualización como proporción de la superficie total del círculo mayor de valor 5 (sustentabilidad óptima) y el alcanzado por los indicadores evaluados para este sistema. A su vez se divide en las tres dimensiones (Productiva, Ambiental y Social) los indicadores para permitir una mejor visualización.

Figura 13: Grafica radial de la evaluación de la sustentabilidad global.

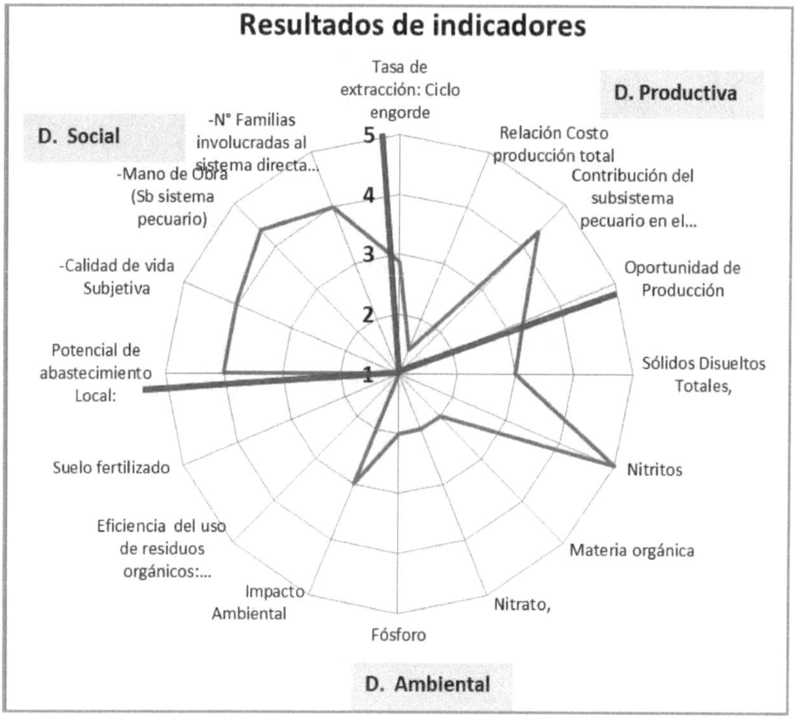

Para cada dimensión se estimó el valor alcanzado como promedio de los indicadores de cada una de ellas; siendo para productiva 2,99; ambiental 2,38 y Social 4,10.

Se estimó "**Índice de Sustentabilidad Global del sistema**" (ISG) de la siguiente forma:

$$ISG = \frac{\text{PROM. D. Productiva} + \text{PROM. D. Ambiental} + \text{PROM Dim. Social})}{3}$$

$$ISG = \frac{(2{,}99 + 2{,}38 + 4{,}10)}{3}$$

ISG = 3,16

Este Índice de Sustentabilidad Global es el que se propone como monitoreo anual para el sistema evaluado, sin perder de vista cada una de las dimensiones y los indicadores individuales de ellas.

Figura 14: Valor de sustentabilidad alcanzado y potencial para cada dimensión.

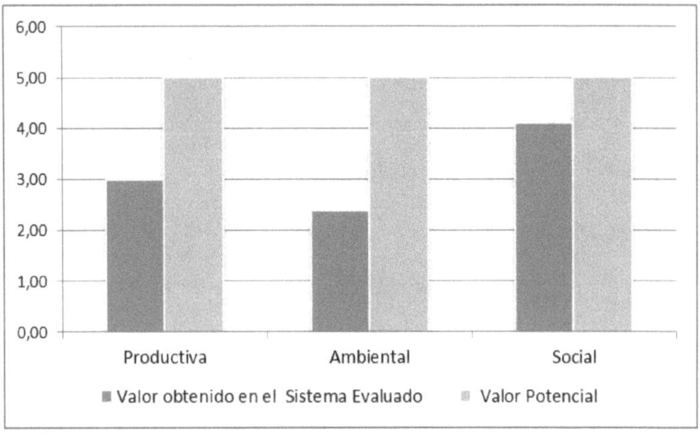

En la figura anterior se grafica el valor alcanzado y potencial por dimensión evaluada. Nótese que para este sistema la dimensión ambiental es la que se ve más afectada.

PASO 6. CONCLUSIONES Y RECOMENDACIONES.

Tal como se planteó al principio, el presente trabajo no pretende hacer un juicio de valor sobre los SIEBI, sino proponer técnicas y herramientas que permitan evaluar y monitorear la sustentabilidad a través de los años de dichos sistemas y comprender como su dinámica afecta a la misma.

Para el ciclo 2013-2014 en el que se realizó la evaluación, el índice de sustentabilidad alcanzado fue de 3,16. Mediante un gráfico de barras (Fig. 15) se propone visualizar el resultado del monitoreo anual para los siguientes ciclos productivo.

Figura 15: Índice de Sustentabilidad Alcanzado. Ciclo 2013-2014.

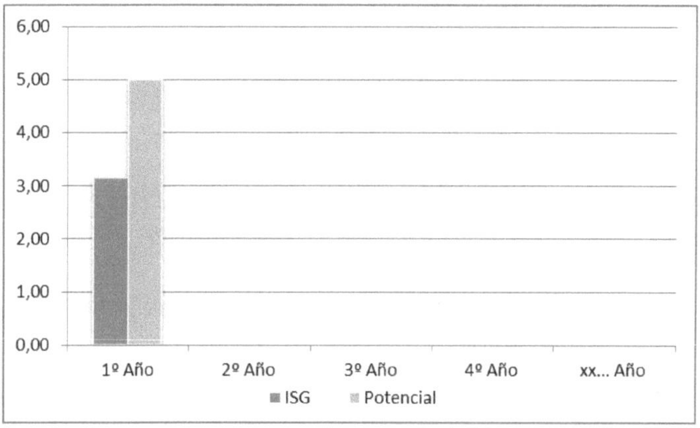

Analizando las distintas dimensiones se observa que, la que más afecta a la sustentabilidad, es la Ambiental. Esto concuerda con diversos autores que manifiestan que los problemas en los sistemas de producción animal intensificados están relacionados al manejo de las excretas y, en consecuencia, al manejo de nutrientes y la nutrición. (Herrero, 2008; Pordomingo, 2003; Gil, 2006).

Una sugerencia para fortalecer la sustentabilidad del agroecosistema podría ser disminuir la dependencia de insumos externos; esto se hace muy difícil en los sistemas intensivos, ya que son netamente dependientes de los mismos para la producción. No obtante se podrían firmar convenios de mutuo acuerdo con las empresas relacionadas proovedoras de insumos para tal fin como criadores, productores de granos, subproductos, etc. A su vez se puede promover entre estas empresas la tendencia al uso de energía renovable y transformación de residuos en insumos como fertilización mediante el uso de heces. Con esta técnica se sugiere disponer de 1 hectárea a fertilizar cada 20 a 25 animales en el engorde a corral (Pordomingo, 2003), lo que disminuiría el uso de fertilizantes convencionales y contribuiría a disminuir el impacto ambiental.

Desde el punto de vista de la nutrición animal se sabe que al disminuir el consumo total de ración diaria aumentando su concentración energética y digestibilidad, disminuye la producción de metano en la fermentación ruminal (Gil, 2006). También se aconsejaría formular dietas con la cantidad de nutrientes necesaria según los requerimientos de engorde de los animales. Por ejemplo formular con la proporción de proteína bruta correcta disminuye el exceso de nitrógeno aportado y eliminado como orina por el animal. Tener en cuenta la calidad del agua en su contenido de sales y minerales; el exceso de estos utilizado en las premezcas de uso comercial comunes puede adicionar minerales a la ración final consumida que no son necesarios y aumenta aporte de minerales al ambiente.

Para mitigar los olores, ruidos, impacto visual y dispersión de material particulado (tierra, polvo proveniente de silos, etc) se recomienda la implementación de una cortina forestal en doble hilera con especies perennes en todo superímetro.

Otras sugerencias para fortalecer la sustentabilidad en estos tipos de producciones serían por ejemplo, fomentar la diversificación e integración de los subsistemas e incorporar nuevos eslabones en la cadena (Fig.12). Reafirmando lo expresado por Gutman, (1999) "*en que un subsistema productivo es un recorte analítico particular del sistema, un sub-espacio de producción y circulación el que, asentado en relaciones técnicas de producción, posibilita el desarrollo de relaciones directas de acumulación que producen y reproducen poderes económicos asimétricos entre las empresas intervinientes*". Se pone de manifiesto en este establecimiento la estrecha relación que posee con el sistema de abasto, ya que fue creado como una diversificación vertical de la empresa, fue creciendo en forma exponencial en los últimos años debido a la gran ventaja que es la posibilidad de venta a costos de oportunidad beneficiosos para el subsistema y las compensaciones (subsidios) por parte del estado otorgados en 2008. Desde el punto de vista de la relación abasto - SIEBI, este último si bien otorga el 85% de los insumos (carne) al otro sistema, el 15% restante comprado a terceros favorece al sistema de abasto en ciertas épocas del año donde la relación insumo producto hace poco beneficioso el encierre a corral. Esto nos plantea un interrogante difícil de pronosticar. ¿Sería beneficioso para el SIEBI en sí, abastecer con el 100% de animales al abasto, dado las variaciones de mercado que se producen en el contexto? Si bien las políticas de estado han favorecido en los últimos años a la empresa, hecho que se manifiesta en el crecimiento que tuvo, ¿Podrá ser sostenible este subsistema en el tiempo? Estos interrogantes nos dejan una puerta abierta sobre el futuro de la empresa pecuaria, donde la planificación y proyección de la misma quedan solapadas sobre el contexto que nos hace muy difícil inferir y pronosticar un futuro empresarial. En general, el criterio empresarial en la ganadería intensiva, tiende a pensar primero en la visión económica de la empresa y luego en lo que respecta a lo social y ambiental; sin ver al sistema como un todo desde las tres dimensiones de sustentabilidad.

El monitoreo de la sustentabilidad a través de una visión sistémica desde las tres dimensiones de la misma, mediante el uso de indicadores partiendo desde un año cero, observando las variaciones de los mismos anualmente y contemplando el contexto a nivel país nos permitirá saber la evolución de éste sistema hacia un futuro y en lo posible dirigirlo hacia una situación más sostenible. Los valores de los indicadores, ofrecen un marco de referencia, para que en la próxima evaluación sea posible analizar cada dimensión y/o atributo. No obstante para posteriores evaluaciones se pueden integrar nuevos indicadores más potentes y críticos, como así también reformular los propuestos en el presente trabajo y/o ajustar su umbral o escala de referencia según variaciones del contexto o intrínsecas al establecimiento. Esta propuesta de un método de aplicable implementación, para la evaluación longitudinal de la sustentabilidad de un SIEBI, también aspira a dar un punta pie inicial en el abordaje de la evaluación de la misma de otros sistemas de similares características.

BIBLIOGRAFÍA

AFIP (Administración Federal de Ingresos Públicos) Resolución general Nº 3038/2011. Obligaciones del sistema de la seguridad social. Indicadores Mínimos de Trabajadores. www.afip.gov.ar

ASTIER, M.; MASERA, O, R. y GALVAN M., Y. 2008. Evaluación de sustentabilidad. Un enfoque dinámico y multidimensional. SEAE, CIGA, CIECO, ECOSUR, GIRA, FIAES, Mundiprensa, España, 200 p. http://www.ciga.unam.mx/ciga/images/stories/publicaciones/sustentabilidad/GIRA_CS3_final.pdf

BAVERA, G.; RODRÍGUEZ, E.; BEGUET, H.; BOCCO, O.Y SÁNCHEZ, J. 2001. Manual de aguas y aguadas para el ganado. Ed, Hemisferio Sur, Buenos Aires, 387 pp

CÁMARA ARGENTINA DE FEEDLOT. 2014. Consulta 01 de diciembre, 2014. Sito en portal http://www.feedlot.com.ar/sitio/?page_id=17

CÁMARA DE LA INDUSTRIA Y COMERCIO DE CARNES Y DERIVADOS DE LA REPÚBLICA ARGENTINA (CICCRA). Informe Económico Mensual. Documento Nº 161. Junio 2014 www.ipcva.com.ar/files/ciccra/ciccra_2014_06.pdf

CENSO NACIONAL. 2010. http://www.censo2010.indec.gov.ar http://www.censo 2010.indec.gov.ar/preliminares/cuadro_santafe.asp

ELIZALDE, J. C.; RIFFEL, S. 2009. El futuro de los sistemas ganaderos en Argentina. www.produccionbovina.com.ar/informacion_tecnica/origenes_evolucion_y_ estadisticas_de_la_ganaderia/73-futuro.pdf

FAO. 2012. (Organización De Las Naciones Unidas Para La Alimentación y La Agricultura). Ganadería mundial 2011 – La ganadería en la seguridad alimentaria. www.fao.org/docrep/016/i2373s/i2373s00.pdf

FAO. 2014. Oficina Regional para América Latina y el Caribe. Consulta 01 de diciembre, 2014. Sito en portal www.fao.org/americas/perspectivas/ganaderia/es/

GIL, S. 2006. Engorde intensivo (feedlot), elementos que intervienen y posibles impactos en el medio ambiente. http://www.produccionbovina.com/informacion_tecnica/invernada_o_engorde_a_corral_o_feedlot/08-feedlot.pdf

GUTMAN, G. 1999. "El sector agropecuario y el sistema alimentario. Nuevas dinámicas, nuevos enfoques" Revista Argentina de Economía Agraria. Nueva serie. Volumen II Nº 2. Buenos Aires. (Disponible en Fotocopiadora de la Facultad de Ciencias Agrarias)

HERRERO, M. A.; GIL, S. 2008. Consideraciones ambientales de la intensificación en producción animal. Ecología Austral 18:273-289. http://www.produccion-animal.com.ar/sustentabilidad/93-intensificacion.pdf

INTA. 1979. Cartas de suelos de la República Argentina. Departamento Caseros. Provincia de Santa Fe. Inta. Buenos Aires

IPCVA. 2009. Estructura del feedlot en Argentina. Nivel de asociación entre la producción bovina a corral y los titulares de faena" http://www.ipcva.com.ar/files/trabajo%20integracion%20feedlot.pdf

MASERA, O.; ASTIER, M.; LÓPEZ-RIDAURA, S. 1999. Sustentabilidad y manejo de recursos naturales. El marco de evaluación MESMIS. Mundi-Prensa/GIRA, México

MASERA, O.; ASTIER, M.; LÓPEZ-RIDAURA, S. 2000. El Marco MESMIS. pp. 325-347. En: Masera, O. y S. López-Ridaura. Sustentabilidad y Sistemas Campesinos. Mundiprensa. México, D,F.

MINISTERIO DE AGRICULTURA, GANADERÍA Y PESCA. Resultados económicos ganaderos, Boletín trimestral Nº10. junio 2014 www.minagri.gob.ar

MOLINA, C. "Una propuesta para evaluar la Sustentabilidad de los Sistemas ganaderos familiares Criadores". Sito al 01 de diciembre de 2014 en http://www.planagro.com.uy/publicaciones/libros/Familias_y_campo/Capitulo_3_14 3.pdf

OBSERVATORIO GANADERO. 2012. Producción de carne bovina de Argentina: Análisis de factores determinantes. Observatorio de la Cadena de la Carne Bovina de Argentina, informe N°1. Buenos Aires, Argentina. 56 pág. http://observatoriobovino.org.ar/pdf/ObservatorioGanadero-InformeN1.pdf

PORDOMINGO. A. 2003. Gestión Ambiental en feedlot. Guía de buenas prácticas. INTA Anguil. La Pampa .Argentina. http://inta.gob.ar/documentos/gestion-ambiental-en-el-feedlot.-guia-de-buenas-practicas/

PORDOMINGO, A. 2004. "Curso de Posgrado Actualización en Invernada", F.C.V. Universidad Nacional de La Pampa y C.M.V. de La Pampa, Módulo IV. INTA Anguil – Facultad de Ciencias Veterinarias, Universidad Nacional de La Pampa.

REARTE, D. 2010. Situación actual y prospectiva de la producción de carne vacuna. http://www.vet.unicen.edu.ar/html/Areas/Prod_Animal/Documentos/2012/Ing.%20Agr.%20Rafael%20Delpech/Rearte%202010.pdf

SPIAGGI, E. 2009. Los Indicadores de Desarrollo Sostenible: Aspectos Conceptuales y Metodológicos. Material de la Asignatura Análisis de la sustentabilidad de los sistemas. ESPAS. Universidad Nacional de Rosario.

ANEXOS

Resultado de la 7 Encuestas Anónimas Realizadas

Aspectos	Encuesta Nº : 1					Encuesta Nº : 2					Encuesta Nº : 3					Encuesta Nº : 4					Encuesta Nº : 5					Encuesta Nº : 6					Encuesta Nº : 7				
	Muy Conforme	Conforme	Poco Conforme	Nada Conforme	Inconforme	Muy Conforme	Conforme	Poco Conforme	Nada Conforme	Inconforme	Muy Conforme	Conforme	Poco Conforme	Nada Conforme	Inconforme	Muy Conforme	Conforme	Poco Conforme	Nada Conforme	Inconforme	Muy Conforme	Conforme	Poco Conforme	Nada Conforme	Inconforme	Muy Conforme	Conforme	Poco Conforme	Nada Conforme	Inconforme	Muy Conforme	Conforme	Poco Conforme	Nada Conforme	Inconforme
Estado de su vivienda (*como es tu casa)*		1				1					1					1						1				1					1				
Alimentación		1						1				1					1					1				1					1				
Acceso a servicios de salud (*hospital, sanatorio etc)*	1						1					1				1						1				1					1				
Locomoción personal (*conforme con tu medio de transporte, auto chata etc)*	1					1					1					1						1				1							1		
Tiempo dedicado al trabajo	1						1					1							1		1							1				1			
Cantidad de tiempo libre que posee		1				1						1						1					1							1			1		
Maquinarias y herramientas brindada por la empresa para trabajar	1					1					1					1							1				1				1				
Acceso a educación, formación o capacitación		1						1			1								1				1					1			1				
Calidad trabajo (exigencia física, mental)		1				1							1						1				1					1			1				
Situación económica personal				1		1							1					1					1				1					1			

Análisis de las encuestas:

Aspectos	Muy Conforme	Conforme	Poco Conforme	Nada Conforme	Inconforme quiere cambiar
Estado de su vivienda *(como es tu casa)*	5	2			
Alimentación	2	4			
Acceso a servicios de salud *(hospital, sanatorio etc)*	4	3			
Locomoción personal *(conforme con tu medio de transporte, auto chata etc)*	5	1			
Tiempo dedicado al trabajo	2	3			
Cantidad de tiempo libre que posee	1	2			1
Maquinarias y herramientas brindada por la empresa para trabajar	5	1			
Acceso a educación, formación o capacitación	2	1			
Calidad trabajo (exigencia física, mental)	2	1			
Situación económica personal	1	2			

Calidad de vida personal:

4,5

Calidad de vida Laboral

3,71

Sumatoria:	29	20	16	4	1

Puntuación por escala según conformidad	5	4	3	2	1

Puntuación Acumulada en encuesta	145	80	48	8	1

		Escala:
Valor Máximo Potencial: (70 items *5)	350	5
Valor acumulado obtenido:	282	4,03

Acciones a realizar según el estudio de "Informe Ambiental de Cumplimiento" realizado por el establecimiento para el año 2009.

Acciones	Tarea a desarrollar
Acción 1	Implementación de un Sistema Documentado de Gestión de Estiércol
Acción 2	*Contratación de un servicio de recolección de residuos* Se contratará un servicio de recolección de residuos sólidos como ser envases usados.
Acción 3	*Construcción de un pozo de monitoreo de aguas sub-superficiales (freático)* Se construirá un pozo de monitoreo con el fin de extraer muestras de agua que permitan obtener una caracterización de la calidad de agua de la primer napa. La medición periódica de los parámetros más significativos para la actividad en cuestión permitirá establecer análisis comparativos y estudiar la variación de la calidad de agua.
Acción 4	*Colocación de cortina forestal* Con el fin de disminuir olores y mejorar la estética del lugar se colocará una cortina forestal de doble hilera alternada sobre el perímetro del feedlot. La especie a utilizar será la Casuarina (perenne) debido a su gran capacidad de adaptación a distintos ambientes y a su rápido crecimiento.
Acción 5	*Tratamiento de Efluentes* Se realizará el diseño y ejecución del tratamiento de efluentes del Feed Lot que actualmente se dirigen en dirección al Arroyo Pavón (solo los días de lluvia intensa). Acciones a realizar: • Diseño del tratamiento • Canalización perimetral en corrales con el fin de conducirlos a un mismo lugar de almacenamiento • Confección de sistema de tratamiento

FSC
www.fsc.org
MIX
Papier | Fördert
gute Waldnutzung
FSC® C083411

Kolibri 360 GmbH
Ferdinand-Jühlke-Straße 7
99095 Erfurt, Deutschland
produktsicherheit@kolibri360.de

Druck:
CPI Druckdienstleistungen GmbH
im Auftrag der
Kolibri 360 GmbH
Ferdinand-Jühlke-Str. 7
99095 Erfurt